Separatabdruck aus den Verhandlungen des Märkischen Vereins von Gas- und Wasserfachmännern 1899.

Die neuen Concurrenten des Steinkohlengases auf dem Gebiete der centralen Licht-, Kraft- und Wärmeversorgung (Acetylen, Wassergas, Luftgas).

Berichterstatter Herr Ingenieur Franz Schäfer-Dessau.

Meine Herren! Vor einigen Tagen hatte ich wieder einmal Gelegenheit, einige Zahlen zusammenzustellen über Gaserzeugung und Gasverbrauch in England und einen Vergleich zu ziehen mit den entsprechenden Verhältnissen in Deutschland. Ich kann gleich vorweg sagen, der Vergleich war für Deutschland nicht gerade sehr erfreulich; es hat sich das alte, schon seit Jahrzehnten bestehende Verhältniss abermals herausgestellt, dass in London allein mehr Gas jährlich verbraucht wird, als in ganz Deutschland überhaupt erzeugt wird, und es hat sich gezeigt, dass in ganz Grossbritannien, obwohl es 15 Millionen Einwohner weniger hat als das Deutsche Reich, doch viermal so viel Gas insgesammt verbraucht wird als im Deutschen Reiche. Es treffen, da etwa 5 Milliarden cbm Gas drüben producirt werden, auf den Kopf der Gesammtbevölkerung von 40 Millionen ungefähr 125 cbm pro Jahr. Bei uns in Deutschland kommt eine Production von annähernd 1 Milliarde und 100 Millionen auf 55 Millionen Einwohner; es kommen also etwa 20 cbm auf den Kopf der Bevölkerung pro Jahr.

Die Ursache dieser ausserordentlichen Ueberlegenheit Englands über Deutschland liegt zum Theil an dem höheren Alter der Gasindustrie in England und zum anderen Theil auch wohl an den hauptsächlich in Folge günstiger Kohlenpreise erheblich niedrigeren Gaspreisen. Sie erklärt sich hauptsächlich aus zwei Gründen: Erstens daraus, dass in den grossen Städten Englands der Gasconsum ausserordentlich mehr verbreitet ist als bei uns in den grossen Städten. Man kann durchschnittlich annehmen, dass in England in Städten, die mehr als 100000 Einwohner haben, 200 cbm Gas pro Kopf und Jahr consumirt werden, während wir in Deutschland als Maximum nur 100 cbm in einem einzigen Falle zu verzeichnen haben. Es ist mir z. B. bekannt, dass Manchester, obwohl es nur ein Drittel der Einwohnerzahl von Berlin hat, ziemlich genau dieselben Ziffern aufzuweisen hat, was Jahresproduction, Consumentenzahl und Gasmotorenzahl angeht, wie die städtischen Gasanstalten Berlins. 125 Millionen cbm Jahresproduction und 112000 Consumenten sind es wohl und etwas über 1000 Gasmotoren. Dies ist der eine Grund für die starke Ausbreitung des Gasconsums in England. Der andere ist der, dass man drüben in viel grösserem Maasse als bei uns mit der Gasversorgung auf's Land hinausgegangen ist, in die kleinen Städte und auf die Dörfer. Deswegen hat England, obwohl es an Einwohnerzahl, wie gesagt, um 15 Millionen hinter Deutschland zurücksteht, doch beinahe doppelt so viel Gasanstalten als wir aufzuweisen.

So unerfreulich also auf den ersten Blick der Vergleich Deutschlands mit England in dieser Beziehung ist, so hat er doch auf der anderen Seite wieder auch etwas Erfreuliches für uns. Er zeigt uns nämlich, dass wir noch lange nicht mit unserer Gasversorgung am Ende angekommen sind; er zeigt, dass auch uns noch ein grosses Gebiet zur Erschliessung offen steht, und dass der Aufschwung, den wir in den letzten drei bis vier Jahren genommen haben, noch einer ganz bedeutenden Steigerung fähig ist.

Dieses Verhältniss enthält aber auch eine Lehre für uns; es sagt uns nämlich: Ihr müsst zwei Dinge thun, um dem Gasverbrauch im Deutschen Reiche vorwärts zu helfen: Ihr müsst erstens dafür sorgen, dass in den grossen Städten genau dasselbe erreicht wird wie jenseits des Kanals. Wenn es in Glasgow, Manchester, Liverpool und London möglich ist, dass sozusagen jeder vierte Einwohner Gasconsument ist, so muss eben dafür gesorgt werden, dass dies in Deutschlands grossen Städten auch erreicht werde; ich bin überzeugt, dass es erreicht werden kann. Ich zweifle keinen Augenblick daran, dass, wenn erst die Einführung der Gasautomaten bei uns ordentlich in die Wege geleitet ist, dann diese Apparate bei uns ein Mittel geben werden, in ein paar Jahren die jetzige Consumentenzahl zu verdoppeln, genau wie es in London und anderen grossen Städten Englands der Fall gewesen ist.

Und zweitens fordert uns der Vergleich auf, zu thun, was die Engländer auch gethan haben, nämlich unsere Gasindustrie noch mehr, als es jetzt geschehen ist, in die Provinz hinaus zu verpflanzen, neue Gasanstalten zu bauen und denjenigen Einwohnern des Reiches, die noch kein Gas zur Verfügung haben, es zugänglich zu machen. Diejenigen von Ihnen, meine Herren, die in Kassel gewesen sind, wissen, dass dort in der Eröffnungsrede des Herrn Generaldirectors v. Oechelhaeuser mitgetheilt wurde, das laufende Jahr halte in Bezug auf den Bau von neuen Gasanstalten im Deutschen Reiche den Record insofern, als mehr neue Gasanstalten in diesem Jahre gebaut worden sind als in irgend einem Jahre früher. Es waren bis zur Jahresversammlung 73, und es sind inzwischen 80 geworden, während früher die Maximalzahl 70 gewesen ist. Daraus geht hervor, dass wir auf dem besten Wege sind, uns den Engländern anzupassen, ihnen nachzufolgen und mit der Gasversorgung hinauszugehen auf's Land. Denn naturgemäss, da die grossen Städte längst mit Gas versorgt sind, handelt es sich bei diesen Neubauten der Hauptsache nach nur um kleinere Städte.

Wenn es aber auch sehr erfreulich ist, dass wir in diesem Jahre so bedeutende Fortschritte zu verzeichnen haben, so ist es auf der anderen Seite doch immerhin recht bedauerlich, dass in allen diesen kleinen Gemeinden Beschlüsse erst zu Stande gekommen sind nach langen Erörterungen, oft nach jahrelangen Erwägungen, wo das Zünglein an der Waage hin- und hergeschwankt hat: sollen wir oder sollen wir nicht mit Gas beleuchten? In der Regel geht ja, wenn diese Frage in kleinen Städten actuell wird, ein grosser Kampf in der Presse und in der Bürgerschaft los. Am Biertisch, sagt der Eine, der in der Zeitung gelesen hat, dass jetzt Alles elektrisch gemacht wird: es ist reiner Unsinn, eine Gasanstalt zu bauen! — der Andere hat gelesen, dass der Elektricität die Zukunft gehöre, und er zieht daraus den Schluss: also nur keine Gasanstalt! — und so fort, und so entspinnt sich der Kampf um das Licht, und zwar nur um das Licht allein.

Der Streit dreht sich in der Regel nur um die Frage, welches Licht das beste, billigste, vortheilhafteste und hygienisch empfehlenswertheste wäre, und alle übrigen Beziehungen treten bedauerlicherweise dabei in den Hintergrund. Ich habe so oft gelesen in diesem Jahre: die und die Stadt hat sich entschlossen, die Gasbeleuchtung einzuführen. Es sollte aber der Satz gar nicht so lauten, sondern man sollte in immer weitere Kreise hinaus die Erkenntniss tragen, dass man durch die Errichtung einer Gasanstalt nicht bloss für Licht sorgt. (Sehr richtig!) Die Elektrotechniker haben in den letzten Jahren schon angefangen, in dieser Hinsicht richtiger vorzugehen, und es heisst jetzt in der Presse nicht mehr: die und die Stadt hat sich für die Einführung des elektrischen Lichtes entschieden, — sondern es heisst: sie hat die Erbauung eines Elektricitätswerkes für Licht und Kraft beschlossen. So sollte man auch, wenn die Errichtung einer Gasanstalt in Frage steht, sagen: die Stadt hat die Errichtung einer Gasanstalt beschlossen, weil diese den Bedingungen einer wirthschaftlichen, in jeder Beziehung günstigen centralen Versorgung mit Licht, Wärme und Kraft entspricht, mit Licht durch Gas, mit Wärme und Kraft ebenfalls durch Gas und gleichzeitig auch durch das Nebenproduct Coke. Infolge der Einführung einer centralen Kraftversorgung — so sollte der Satz des ferneren ausgesponnen werden — bedeutet die Errichtung einer Gasanstalt auch die Erleichterung der Beschaffung von Wasser und von elektrischem Strom. (Sehr richtig!)

Diese ungewöhnliche Vielseitigkeit des Gases soll und muss immer mehr in die weitesten Kreise hinausgetragen werden und muss dem Laien so geläufig gemacht werden, wie sie es uns Fachleuten ja schon seit langer Zeit ist. Es dreht sich jetzt nicht mehr um die Frage: welches ist das modernere Licht? sondern die Vielseitigkeit ist ausserordentlich viel wichtiger als die Frage der Lichtversorgung allein, und gerade diese Vielseitigkeit wird in der Regel selbst, in den Verhandlungen, die dem Beschlusse, ob Gas oder nicht Gas, vorangehen, recht nebensächlich behandelt und gar nicht nach Gebühr gewürdigt, und bei den Vergleichen, die man anstellt oder wenigstens anstellen sollte, durchaus nicht genügend in Rechnung gezogen. Gestatten Sie mir, meine Herren, daraufhin einmal das Leuchtgas und seine neueren Concurrenten anzusehen.

Der älteste und bedeutendste Concurrent, den das Leuchtgas für die centrale Versorgung besitzt, ist der elektrische Strom. Dieser liefert bekanntlich Licht und Kraft, er liefert aber, wenigstens in wirthschaftlich brauchbarer Weise, von der Centrale aus weder direct, noch indirect Wärme. Man kann allerdings mit dem elektrischen Strom ein Bügeleisen und einen Löthkolben erhitzen, auch ein Zimmer heizen, ein Hühnchen braten, aber die andere Frage, was das kostet, schreckt in der Regel in der Praxis den Consumenten davor zurück, und wir sehen ja auch, dass im Allgemeinen wenig elektrischer Strom für Wärmezwecke verwendet wird. Eine indirecte Wärmeversorgung, wie sie die Gasanstalt durch die Coke übernimmt, kann natürlich ein Elektricitätswerk gar nicht bieten.

Von dem elektrischen Licht ist nun nachgerade ziemlich allgemein bekannt und anerkannt, dass es sehr wesentlich theurer ist als das Gaslicht, und von der elektrischen Kraft weiss man auch allenthalben, dass sie nur bei ganz kleinem Kraftbedarf, bei Motoren von $\frac{1}{4}$, $\frac{1}{2}$, 1 und 2 PS. billiger oder vielmehr eigentlich nur ebenso billig ist wie die Gaskraft, dass aber bei grösseren Motoren, die den ganzen Tag fleissig benutzt werden, also 1000 bis 1200 oder mehr Betriebsstunden im Jahr erzielen, die elektrische Krafterzeugung theurer ist als die Gaskraft, und es kann auch nicht geleugnet werden, dass selbst diese Concurrenz der elektrischen Kraft gegen die Gaskraft nur möglich ist durch ein ganz aussergewöhnliches Missverhältniss zwischen dem Preise des Lichtstromes und dem des Kraftstromes, durch eine Tarifpolitik, die von der Verwaltung eines sehr grossen deutschen Elektricitätswerkes (Leipzig) selber vor einigen Monaten als selbstmörderisch anerkannt worden ist, durch eine Tarifpolitik, die darauf hinausgeht, den Kraftstrom nahezu zu den Selbstkosten oder manchmal sogar darunter abzugeben. (Hört! hört! und sehr richtig!)

Es haben sich nun allerdings in den letzten Jahren eine ganze Reihe auch kleiner Städte dazu entschlossen, die Elektricität bei sich einzuführen, entweder in eigener Regie oder durch Verleihung einer Concession an einen Unternehmer, und es möchte scheinen, als ob diese Gebiete dadurch der Gasversorgung verloren gegangen seien. Man trifft diese Anschauung selbst bei Gasfachleuten ausserordentlich oft. Ich theile sie nicht; ich bin überzeugt, dass auch da, wo die Elektricität zuerst hingekommen ist, doch noch ein Platz übrig ist für eine nachträglich kommende Gasversorgung, und zwar selbst in kleinen Städten. Wir haben ja gesehen, als seiner Zeit in den grossen Städten das elektrische Licht auftrat, da fürchtete man vielfach einen Rückgang der Gaswerke. Dieser trat aber nicht oder doch nirgends für die Dauer ein, sondern im Gegentheil, es hat sich gezeigt, dass Platz da war für beide. Die Elektricitätswerke in den grossen Städten bestehen, und ihre Gasanstalten schreiten — wie Herr Director Kunath von Danzig in Kassel gezeigt hat — unbekümmert um die Ausbreitung der Elektricität ruhig voran und haben alle Jahre 5, 6, 8 und 10 % Consumzunahme. Wenn das in grossen Städten der Fall ist, so muss auch in kleinen Städten neben der elektrischen Versorgung Platz für das Gas übrig sein. Ich weiss auch aus meinen statistischen Aufzeichnungen, dass in den letzten Jahren selbst in kleinen Städten das Gas nachträglich noch seinen Einzug gehalten hat, nachdem ihm die Elektricität ein paar Jahre vorangegangen war, und dass sich in diesen Städten immer noch Raum gefunden hat für das nachträglich kommende Gas. In der Nähe von Berlin sind mir mehrere kleine Gemeinden bekannt, wo solches sich erwiesen hat (Britz, Grünau, Oberschöneweide, Niederschöneweide).

Ich bin also, wie gesagt, überzeugt, dass auch da der Boden nicht als verloren zu betrachten ist, und ich bin auf der anderen Seite der Meinung, dass es auch den kleinen Städten zu gönnen wäre, sowohl mit Gas, als auch mit Elektricität versorgt zu sein. Ich theile nicht die Ansicht, dass das Gas in den kleinen Städten die elektrische Versorgung ausschliessen sollte oder ausschliessen könnte; im Gegentheil, ich meine, es müssten beide zugleich, wie in den grossen Städten, so auch in den kleinen Städten den Bewohnern zur Verfügung stehen. Das wäre der ideale Zustand, und nur die Reihenfolge der Einführung dünkt mich so besser, dass das Gas zuerst und dann die Elektricität kommt. (Bravo!) So viel über unseren alten und schon bekannten Concurrenten.

Ein anderer neuer Concurrent des Steinkohlengases auf dem Gebiet centraler Versorgung ist das Acetylen, welches ein schönes glänzendes Licht liefert und auf kaltem Wege bequem herstellbar ist. Es wurde uns bekanntlich vor einigen Jahren aus Amerika herübergebracht und mit einer ausserordentlichen Reclame einzuführen gesucht, und seine bequeme Herstellbarkeit und die Angaben, die zuerst über die Kosten der Herstellung gemacht wurden, liessen thatsächlich an manchen Stellen fürchten, dass das Acetylen uns in den alten Versorgungsgebieten unsere Lichtconsumenten wegnehmen könnte, eben weil es sich so vortrefflich für Einzelanlagen zu eignen scheint. Diese Besorgniss hat sich allerdings nur in ausserordentlich geringem Grade als begründet erwiesen. Soweit ich sehe, sind in dem Versorgungsgebiet der bestehenden deutschen Gasanstalten nur recht wenig Acetylengasanlagen überhaupt errichtet worden, und manche von denen, die errichtet worden sind, sind wieder ausser Betrieb gekommen. Die meisten Consumenten, die wir verloren hatten, sind zum grossen Theile wieder zu uns zurückgekehrt, wenigstens ist dies der Fall in Dessau und Umgegend, wo ich es genauer zu verfolgen in der Lage bin. Aber auch aus Mittheilungen von anderen Städten geht das Gleiche hervor.

Nun hat man sich aber mit dem Acetylen schon seit etwa zwei Jahren nicht mehr auf Einzelanlagen beschränkt, sondern es haben mehrere Firmen hier und anderwärts es unternommen, das Acetylen als ein geeignetes Mittel für die centrale Beleuchtung ganzer Städte und Ortschaften zu empfehlen. Es ist auch geglückt, in einigen kleinen Städtchen damit durchzudringen, es sind wohl fünf, sechs solcher Anlagen im Betriebe und ebenso viele und vielleicht noch einige mehr im Bau und Project. Allerdings kann ich mittheilen, dass nicht weniger oft die Errichtung von Acetylencentralen von kleinen Städten abgelehnt worden ist (Beeskow, Groitsch, Zehdenick, Worbis, Militsch, Pillkallen u. a.). Ich glaube, dass dies, wo es geschah, mit vollem Recht geschah.

Denn, meine Herren, eine Acetylencentrale liefert eben nur Licht, sie liefert weder Kraft noch Wärme, und das Licht, welches sie liefert, ist bis jetzt ein sehr theures Licht. Es gilt in Bezug hierauf nach meinen eigenen Ermittelungen in Dessau im Laboratorium, sowie nach den Angaben, die ich den Prospecten der Acetylenfirmen entnehme, das Verhältniss, dass 1 l Acetylen 1½ HK liefert, 1 cbm Acetylen 1500 HK. Das ist im Vergleich zu Gasglühlicht, auf das Volumen bezogen, wenn man das ältere Gasglühlicht, also nur 50 HK per 100 l Gas annimmt, ein Verhältniss wie 3 : 1, oder wenn man das jetzt erreichbare Verhältniss des Gasglühlichts, sagen wir also 75 HK per 100 l Gas in Ansatz bringt, ein Verhältniss wie 2 : 1. Also der Beleuchtungswerth des Acetylens ist je nachdem drei- oder zweimal so gross, auf das Volumen bezogen, als der des Steinkohlengases. Der Preis bei den paar bestehenden Acetylencentralen ist aber M. 2,50 bezw. M. 2 pro Kubikmeter. Es entspricht also dem zwei- bis dreifachen Beleuchtungswerth ein zehn- bis zwölffacher Preis des Acetylens. (Hört! hört!)

Nun sagen uns allerdings die Herren Vertreter der Acetylenindustrie, dieser Vergleich stehe nicht auf gerechter Basis, weil er einerseits einen Brenner des normalen Gasglühlichts zu Grunde lege mit einer Ueberfülle von Licht, während das Acetylen in ganz kleine Flammen theilbar sei, und in der That habe ich in Oliva und Schönsee gesehen, dass in der Mehrzahl der Fälle für die Strassenbeleuchtung 16 kerzige Brenner, für die innere Beleuchtung von Räumen 22 kerzige Brenner mit 16 l Consum verwendet werden. Es hat aber in einem Controvers, den ich mit Herrn Dr. Wolff von der Allgemeinen Carbid- und Acetylen-Gesellschaft hatte, Herr Dr. Wolff selbst anerkannt, dass nach dem in Oliva und Schönsee geltenden Preise die 22 kerzige Acetylenflamme 3,65 bis 3,75 Pf. in der Stunde koste. Wenn man damit das normale Gasglühlicht vergleicht, welches bei einem Gaspreise von 20 Pf., wie er ja in kleinen Städten durchschnittlich angenommen werden muss, für höchstens 2,4 Pf. Gas in der Stunde verbraucht, so findet man, dass selbst die Ueberfülle von Steinkohlengaslicht immer noch um 1 Pf. billiger ist als die bedeutend lichtschwächere Acetylenflamme. Ausserdem haben wir bekanntlich, wenn es der Consument verlangt, auch kleine Brenner in genügender Zahl zu Gebote; wir haben den Juwelbrenner, der bei 20 Pf. Gaspreis stündlich für höchstens 1,5 Pf. Gas consumirt, und noch mehrere andere Kleinbrenner. Die Acetylenbeleuchtung ist also, man mag es betrachten, wie man will, absolut und relativ ganz ausserordentlich theurer als die Steinkohlengasbeleuchtung. (Sehr richtig!) In der That ist denn auch, wie ich mich überzeugte, in Oliva und Schönsee der hohe Preis des Lichtes die ziemlich allgemeine Klage der Consumenten, von denen manche von der Benutzung des Gases schon wieder zurückgekommen sind.

Kraft und Wärme kann das Acetylen überhaupt nicht in wirthschaftlicher Weise liefern; denn der Heizwerth des Acetylens ist nur 2,66 mal so gross wie der des Steinkohlengases. Dieses hat 5000 Cal. gegen 13 200 Cal. des Acetylens. Es dürfte daher das Acetylen in kleinen Centralen nach dem Heizwerth im Vergleich zum Steinkohlengas nur ungefähr 40 Pf. pro Cubikmeter kosten, wenn der Consument nicht schlechter fahren soll, als in einer Stadt, wo Steinkohlengas zu Kraft- und Heizzwecken für 15 Pf. abgegeben wird, wie die kleinen Gasanstalten zumeist thun. Nun ist das blosse Rohmaterial zu 1 cbm Acetylen 4 kg Carbid — das braucht man in der Praxis zu 1 cbm Acetylen —, und dieses Rohmaterial zu 1 cbm Acetylen würde je nachdem, wenn man den jetzigen Marktpreis von 35 Pf. rechnet, M. 1,40, oder wenn man, wie Herr Director Münsterberg in Kassel mitgetheilt hat, annimmt, dass das Carbid in solchen Städten für 25 Pf. geliefert werden kann, M. 1 ausmachen. Der Verkaufspreis dürfte aber nur 40 Pf. sein, und daraus geht wohl deutlich genug hervor, dass eine Wärme- und Kraftversorgung durch Acetylen wirthschaftlich undurchführbar ist.

Es gibt also in einer solchen Stadt, die eine Acetylencentrale baut, so gut wie gar keine Möglichkeit, Gas für Koch-, Heiz- und Kraftzwecke zu verwenden. Man muss verzichten auf die Anwendung des Acetylengases in der Küche und in der Werkstatt, man muss verzichten auf seine Verwendung zum Motorenbetriebe, zur Schulheizung, zur Kirchenheizung und alle die grossen Annehmlichkeiten, die das Steinkohlengas als Wärmeträger bietet. Wenn man dazu die übrigen Bedenken zählt, welche dem Acetylen entgegenstehen, die Abhängigkeit von einer Fabrikation, einer Fabrikation, die nur in grossen Werken möglich ist, und die, weil sie selbstverständlich Wasserkräfte voraussetzt, der Hauptsache nach im Auslande erfolgt und auch im Auslande auf absehbare Zeit erfolgen muss, so leuchtet wohl ohne Weiteres ein, dass die Errichtung einer Acetylencentrale in einer kleinen Stadt keineswegs diejenigen Vortheile bieten kann, wie sie die Errichtung einer Steinkohlengasanstalt bietet, und es will mir deshalb scheinen, als ob dieser Concurrent kein besonders gefährlicher für uns sein könnte. (Bravo!)

Ein anderer neuer Concurrent ist unserer Industrie in den letzten Jahren im Wassergas[1]) entstanden, zwar eigentlich ein alter Bekannter, älter als unser Steinkohlengas selber, aber jetzt erst wieder zu neuem Leben erweckt durch die Erfolge, die Humphreys & Glasgow, Dr. Strache, Dellwik und Fleischer geschaffen haben, und neue Aufmerksamkeit fordernd deshalb, weil eben diese Erfolge in einigen Städten praktisch in die Erscheinung getreten sind, nämlich in Bremen nach Humphreys & Glasgow, in Königsberg nach Dellwik und Fleischer, in Pettau in Steiermark nach Dr. Strache. Dieser alte Bekannte, das Wassergas, ist schon vor 20 Jahren von Quaglio für den Brennstoff der Zukunft erklärt worden, und mit grosser Reclame

---

[1]) Vgl. zu diesem Abschnitt: Schäfer, Die wirthschaftliche Bedeutung des Wassergases für die Gegenwart. München, Oldenbourg, 1899.

wurde versucht, ihn als solchen einzuführen; es ist aber bekanntlich sehr wenig auf diesem Gebiete erreicht worden. Jetzt erst tritt das Wassergas von Neuem auf den Plan, und zwar greift es uns an zwei verschiedenen Stellen an, erstens auf unserem alten Gebiete: es drängt sich ein in die Steinkohlengasanstalt und will als Zusatz zu dem Steinkohlengas seinen Antheil an der centralen Versorgung mit Licht und Wärme nehmen, und zweitens sucht man es jetzt auch einzuführen in die uns bisher noch nicht erschlossenen Gebiete; es werden gegenwärtig einige kleine Wassergas-centralen in Westfalen gebaut, in Osterfeld, Ibbenbüren und Warstein.

Meine Herren! Ich will mich mit dem ersten Gebiet, also mit dem Zusatz des Wassergases zum Steinkohlengas, zunächst nicht befassen, sondern hauptsächlich das andere Gebiet betrachten und die Frage erörtern, ob denn das Wassergas in der That für kleine Städte an Stelle von Steinkohlengas so ausserordentliche Vortheile bietet, wie die Interessenten uns glauben machen wollen. Es liefert dieses Gas genau wie Steinkohlengas Licht Kraft und Wärme; Licht jedoch nur im Glüh-lichtbrenner, wenn man es nicht carburiren will. Dies lässt aber einen Vergleich mit dem Steinkohlengas sehr wohl zu, da wir in kleinen Städten, die jetzt erst Gas-anstalten bekommen, kaum mit anderen Formen der Beleuchtung zu rechnen haben als mit dem Glühlicht. Messungen über den Leuchtwerth des Wassergases liegen ausserordentlich wenig aus neuerer Zeit vor. Es ist wohl vor einigen Monaten einmal zuerst durch die Börsenpresse und dann auch durch die ganze Tagespresse Deutsch-lands ein Reclameartikel gegangen von einem unbekannten Verfasser, der auf die Erfolge des Wassergases in dem steirischen Städtchen Pettau hinwies, ein Artikel, in dem eine Tabelle enthalten war, die angeblich auf amtlichen Angaben beruhte, und wo gesagt wurde: 1 l Wassergas liefert 1 HK im Glühlicht. Da aber nicht ge-sagt war, welcher Art dieses »Amt« war, und da die Angaben bezweifelt werden konnten und mussten, so glaube ich nicht, dass wir diese Zahlen heute einer Ver-gleichung zu Grunde legen dürfen. Es hat nun aber neuerdings Herr Dicke, der Vertreter des Dellwik-Wassergases, in einer Veröffentlichung, wo Ergebnisse neuerer Messungen mitgetheilt sind, erklärt, dass 150 l Wassergas im Glühlicht durchschnitt-lich 75 HK liefern. Da es sich nun bei der Errichtung von Wassergascentralen um Städte handelt, die bisher kein Gas hatten, und in diesen Städten, wenn sie Stein-kohlengas einführen, natürlich nicht die älteren Glühlichtwerthe des Steinkohlen-gases in Frage kommen würden, sondern nur die neueren, welche man wohl auf 75 HK bei durchschnittlich 100 bis 110 l Gas annehmen darf, so lautet der Vergleich jetzt so: Es ist der Beleuchtungswerth des Wassergases ungefähr zwei Drittel von dem des Steinkohlengases. Der Heizwerth des Wassergases beträgt bekanntlich gar nur die Hälfte von dem unseres Steinkohlengases. Nun müssten doch, wenn man loyal vorgehen will, diese beiden Verhältnisse immer mit in Betracht gezogen werden; man dürfte nicht einfach die Production der Wassergasanstalten und der Steinkohlengasanstalten nach der Kubikmeterzahl mit einander vergleichen und darauf die bekannten Vergleichszahlen über Raumbedarf, Kapitalbedarf, Betriebs-kosten u. s. w. basiren, sondern müsste den Werth der Production mit in Rechnung ziehen. Das ist aber in den sämmtlichen zahlreichen Reclamebroschüren, die über das Wassergas herausgekommen sind, nicht geschehen, und daraus sind irrthümliche Ansichten entstanden und in das Publikum gedrungen, die jetzt recht schwer zu beseitigen sind, vor Allem die Meinung, es würde das Wassergas so ausser-ordentlich viel billiger sein als das Steinkohlengas, dass es allein aus diesem Grunde eingeführt werden müsste.

Ich will einmal, um ein richtiges Bild zu geben, einen concreten Fall annehmen, eine kleine Stadt, die noch keine Gasanstalt hat, die aber demnächst
damit versehen werden soll, und wo die Gemeinde selber die Gasanstalt baut und
in eigene Regie nimmt, wo also die Strassenbeleuchtung, wie es vielfach geschieht,
gratis zu erfolgen hat, und wo der Privatconsum die ganze Rentabilität bringen
muss. Ich will annehmen, dass der Privatconsum auf 100 000 cbm Steinkohlengas
zu bewerthen sei und dass er sich so vertheilt, wie es in kleinen Städten neuerdings
ja recht oft erreicht ist und in absehbarer Zeit wohl noch häufiger erreicht werden
wird, nämlich dass 50 % der Privatabgabe — nicht der Gesammtabgabe — Heizgas
und die anderen 50 % Leuchtgas sind, und den Preis will ich so annehmen, wie
ihn die kleinen Steinkohlengasanstalten in Westfalen, wo Wassergascentralen im Bau
sind, berechnen: 18 Pf. für Leuchtgas und 12 Pf. für Heizgas. Dann ergeben sich
folgende Verhältnisse: die Steinkohlengasanstalt hat zu liefern 50 000 cbm zu 18 Pf.
und 50 000 cbm zu 12 Pf., also zusammen 100 000 cbm, wofür sie im Durchschnitt
15 Pf. pro Cubikmeter einnimmt. Ich lasse die Rabatte und die dadurch entstehenden
Beeinträchtigungen dieser Zahl ganz ausser Acht.

Wenn nun eine Wassergasanstalt dasselbe leisten soll, so darf man nicht
eine gleich grosse Production in Rechnung ziehen, sondern man muss den Werth
der Production betrachten, und da der Beleuchtungswerth des Wassergases nur zwei
Drittel des Beleuchtungswerthes des Steinkohlengases ist, so muss man also die
Hälfte mehr für Beleuchtung aufwenden und demnach für diesen Zweck eine Production von 75 000 cbm haben, und da der Heizwerth nur halb so gross ist, so
muss man hier eine Production von 100 000 cbm vorsehen. Da nun der Beleuchtungswerth des Wassergases nur zwei Drittel von dem des Steinkohlengases beträgt, so
darf, wenn der Consument nicht schlechter fahren soll, der Preis für die Beleuchtung mit Wassergas nicht 18, sondern nur 12 Pf., und da der Heizwerth nur die
Hälfte beträgt, so darf mit derselben Begründung der Preis für 1 cbm Wassergas
für Kraft- und Heizzwecke nur 6 Pf. betragen, und wenn man das zusammenrechnet,
bekommt man **175 000** cbm, wofür die Anstalt durchschnittlich 8,5 Pf. erntet.

Meine Herren! Wenn Sie nun diese Zahlen betrachten, 100 000 und
175 000 cbm, und sich erinnern, dass in den Reclamebroschüren immer gesagt wird:
eine Wassergasanstalt kostet per Cubikmeter Tagesproduction so und so viel weniger
als die Steinkohlengasanstalt, so beweisen ihnen diese Ziffern, dass man derartige
Angaben mit grosser Vorsicht aufnehmen muss. Denn eine Wassergasanstalt ist erst
bei 175 000 cbm Jahresproduction einer Steinkohlengasanstalt von 100 000 cbm Jahresproduction gleichwerthig.

Wenn wir diese Ziffern weiter betrachten, finden wir, dass der wirkliche
Preisunterschied in den Anlagekosten schon gar nicht so bedeutend sein kann, wie
vielfach behauptet wird. Wenn wir uns aber ferner vergegenwärtigen, dass es sich
bei Wassergas um ein Rohrnetz handelt, durch welches 175 000 cbm eines Gases hin-
durch müssen, welches ein höheres specifisches Gewicht hat als das Steinkohlengas,
so sehen wir sofort, dass das Rohrnetz dieser Gasanstalt grösser bemessen sein muss
und daher theurer ist als das entsprechende Rohrnetz der Steinkohlengasanstalt, und
ich bin wohl geneigt, anzunehmen, dass der Preisunterschied des Rohrnetzes
einen grossen Theil des Vorsprungs der Wassergascentrale an Anlagekosten, den
sie vor der Steinkohlengasanstalt haben mag, wieder zurücknimmt.

Das Rohrnetz einer Wassergascentrale wird voraussichtlich auch deshalb
schon theurer werden, weil, wie die Herren Vertreter dieser Industrie ganz allgemein

zugeben, die Rohre inwendig getheert sein müssen, damit das Wassergas keine Eisen-
verbindungen aufnimmt, oder weil man innen verzinnte Rohre anwenden muss.
Für den Consumenten kommt aber noch ein weiterer Punkt in Betracht, der auch
seine Bedenken hat, nämlich das Verhältniss der Heizwerthe. Weil der Heizwerth
nur halb so gross ist, muss, um den Gasbadeofen zu speisen, wenn er in derselben
Zeit ein warmes Bad schaffen soll wie bei der Heizung durch Steinkohlengas, doppelt
so viel Wassergas hingeschafft werden. Es müssen also die Zuleitungs- und Steige-
rohre des Consumenten grösser sein als bei Steinkohlengas, und das wird ihm natürlich theurer werden. Ausserdem muss er eine doppelt so grosse Uhr anwenden
und auch dadurch wird dem Consumenten die Installation vertheuert.

Was nun den Betrieb angeht, so ersehen Sie, dass eine Steinkohlengasanstalt
bei gleicher Leistungsfähigkeit 15 Pf. für den abgegebenen Cubikmeter einnimmt,
während eine Wassergasanstalt, wenn sie die Consumenten nicht schlechter fahren
lassen soll als die einer Steinkohlengasanstalt, nur 8,56 Pf. für den Cubikmeter einnimmt. Wenn ich zugebe, dass die Herstellung eines Cubikmeters blauen Wassergases etwas billiger ist als die eines Cubikmeters Steinkohlengases, so bezweifle ich doch
sehr stark, dass ein Unterschied von 6,44 Pf. erreichbar sei. Ich will mich hier
nicht ausführlich über die Selbstkosten von Steinkohlengas äussern; von den Herren,
die hier zugegen sind, wird ja jeder seine Selbstkosten wissen; aber ich möchte die
Frage aufwerfen, ob ein Gasfachmann, der seine Selbstkosten genau kennt, es für
möglich hält, dass die Selbstkosten für 1 cbm Wassergas um 6,44 Pf. niedriger sein
können als für 1 cbm Steinkohlengas. (Sehr richtig! und Rufe: nein!)

Damit, meine Herren, glaube ich, die Frage beantwortet zu sehen, ob in
Bezug auf die Rentabilität eine Wassergasanstalt so sehr viel vortheilhafter sein kann
als eine Steinkohlengasanstalt. Bei den Preisen, wie ich sie hier angesetzt habe,
würde übrigens der Consument nur gerade ebenso günstig fahren wie bei Steinkohlengas, aber noch keineswegs günstiger. Wenn die Behauptung, wonach das
Wassergas viel billiger sein soll als das Steinkohlengas, bestätigt werden sollte,
so müsste der Preisunterschied noch erheblich vergrössert werden. Der Producent
aber, also die Stadt, die die Gasversorgung unternimmt, würde bei dem berechneten
Preise sogar immer noch schlechter fahren als mit Steinkohlengas. Die Einnahme
für das Gas ist nämlich auf beiden Seiten gleich, hier M. 15 000 und dort M. 15 000;
aber beim Steinkohlengas kommen für jeden abgegebenen Cubikmeter, selbst bei
kleinen Anstalten, noch mindestens 2 Pf. für Nebenproducte hinzu. Ich will nur
2 Pf. einsetzen, obwohl sehr häufig mehr aus den Nebenproducten wird heraus-
geschlagen werden können. Es kommt also hier eine Jahreseinnahme von M. 17 000
aus der Privatabgabe heraus, während beim Wassergas, wo keine Nebenproducte
sind, wir bei M. 15 000 stehen bleiben. Das ist ein Unterschied von 13,2 % zu Un-
gunsten der Wassergasanstalt, immer unter der Voraussetzung, dass der Consument
genau ebenso behandelt werden soll wie beim Steinkohlengas.

Nach alledem, meine Herren, kann ich nicht daran glauben, dass das blaue
Wassergas einen so ausserordentlich grossen Erfolg gegen das Steinkohlengas wird
erzielen können, wie die Vertreter der Wassergasindustrie immer und immer wieder
behaupten.

Aber auch über das Zusetzen des Wassergases zum Steinkohlengase, also
über das carburirte Wassergas, sollte man sich keinen übertriebenen Erwartungen
hingeben. Ich weiss sehr wohl, dass jetzt die Thätigkeit der Gesellschaften ausserordentlich lebhaft ist und dass viel Reclame dafür gemacht wird, completirende

Wassergasanstalten in nicht mehr genügenden Steinkohlengasanstalten zu errichten, und wir haben gesehen, dass Bremen und Königsberg und die Deutsche Continental-Gasgesellschaft in Erfurt und noch andere solche completirenden Wassergasanstalten erbaut oder zu bauen begonnen haben.

Die Gründe zu diesem Vorgehen sind Ihnen bekannt. Es ist hauptsächlich die Schnelligkeit, mit der eine solche Anstalt errichtet werden kann in einem über-lasteten Steinkohlengaswerk; es ist die Möglichkeit, die Coke, die sich vielfach zu hohen Bergen anhäuft, selber zu verbrauchen, also der Schwierigkeit des Cokeabsatzes zu entgehen; es ist die sehr schnelle Betriebsbereitschaft eines Wassergasregenerators; es ist die geringe Arbeiterzahl, die er voraussetzt und die gestattet, dass im Noth-falle bei Arbeiterausständen die Beamten des Gaswerkes allein die nöthige Pro-duction besorgen.

Es wird aber ausser diesen vier Gesichtspunkten ein weiterer immer wieder in die Debatte geworfen, nämlich der, es sei die Herstellung von carburirtem Wassergas in completirenden Anstalten so ausserordentlich viel billiger als die Er-zeugung von Steinkohlengas, dass dies der Hauptgrund sein müsse, solche com-pletirenden Werke zu bauen. Es wird in der Regel auf Amerika und England hin-gewiesen. Nun, es ist richtig, dass in Amerika, wo die Verhältnisse dem carburirten Wassergas günstig sind, ungefähr ein Drittel, und man behauptet neuerdings sogar, die Hälfte des überhaupt producirten Gasquantums aus carburirtem Wassergas besteht. Aber es ist ebenso richtig, dass das Gas dort absolut nicht billiger ist als hier, und dass die Gasanstalten dort nicht besser rentiren als bei uns. Daraus dürfte wohl hervorgehen, dass ein grösserer finanzieller Vortheil durch Uebergang zum carburirten Wassergas auch in Deutschland kaum zu erwarten sein könnte. Ueberdies, wenn man denn doch so gern auf Amerika hinweist und die Verbreitung des Wassergases in Amerika als Argument zu seiner Einführung in Deutschland be-nutzt, dann dürfte man auch nicht verschweigen, dass neuerdings in Amerika auf das Wassergas die Worte der Apostelgeschichte Anwendung finden: »Die Füsse derer, die dich begraben, stehen schon vor der Thür«. (Heiterkeit.)

Meine Herren! Dies bezieht sich einmal auf das Petroleumsyndicat, welches die Preise für die Carburirmittel in die Höhe treibt, so dass neuerdings dort mehrere Anstalten wieder zum Steinkohlengas zurückgekehrt sind oder doch ernstlich daran denken, es zu thun, und zweitens ist es die Einführung einer neuen Form oder eigentlich recht alten Form der trockenen Kohlendestillation in die centrale Licht-und Kraftversorgung, nämlich die Einführung des Cokeofens für die Beschaffung von Kraft-, Leucht- und Heizgas für die Städte. Ich bezweifle keinen Augenblick, dass diese Sache, die eben drüben aufgenommen wird, eine grosse Zukunft vor sich hat. Wenn dann ferner auf England hingewiesen wird, wo allerdings seit 1890 com-pletirende Wassergasanstalten in grosser Zahl entstanden sind, so möchte ich erstens darauf aufmerksam machen, dass auch dort eine Preisermässigung in Folge der Ein-führung des Wassergases mir nicht bekannt geworden ist und auch keine Erhöhung der Rentabilität der Gaswerke, und möchte ferner darauf hinweisen, dass man sich davor hüten sollte, einseitig die Fortschritte des Wassergases zu betrachten. Ich habe in der vergangenen Woche festgestellt, dass schon die Productionsfähigkeit der in England neu errichteten Gaswerke mit geneigten Retorten allein, also von anderen Ofensystemen ganz abgesehen, die Productionsfähigkeit der in England bestehenden neuen Wassergaswerke bedeutend übersteigt, und ich möchte ferner darauf hinweisen, dass in Edinburgh, wo man vor einigen Jahren, als die alte Gasanstalt nicht mehr ausreichte, ein Wassergaswerk baute, jetzt dennoch, nachdem man damit Erfahrung gewonnen hat, und nachdem eine Commission in England und auf dem Continent eine ganze Reihe von Gaswerken der verschiedensten Art in Augenschein genommen hat, nun nicht etwa die neue Gasanstalt, die Edinburgh bauen muss, als Wassergasanstalt, sondern als Steinkohlengasanstalt gebaut wird. Man baute dort s. Z. eine Wassergasanstalt von 2 Millionen Cubikfuss Tagesproduction; aber das neue Kohlengaswerk wird nach dem Berichte von Mr. Herring 42 Millionen Tagesproduction haben!

Und wie ist es bei uns? Bremen und Königsberg haben sich completirende Wassergasanstalten bauen lassen, aber beide Städte bauen zur Zeit für viele Millionen grosse Steinkohlengasanstalten, das wäre doch vollkommen unverständlich und unverantwortlich von diesen Städten, wenn wirklich das carburirte Wassergas so bedeutende finanzielle Vortheile darstellen würde, wie die Reclamebroschüren und das Buch von Geitel uns vorrechnen wollen, und ich glaube, gerade in diesen von mir vorgebrachten Thatsachen eine Mahnung zur Vorsicht gegenüber dem Wassergasenthusiasmus erblicken zu dürfen.

Ich möchte hier einschalten, dass als weiterer Grund für die Einführung von carburirtem Wassergas uns angeführt wird der Hinweis auf die Nothwendigkeit, die Kohlenschätze der Erde sparsamer zu behandeln, bezw. für unsere Enkel zu sorgen, damit sie auch noch etwas davon übrig behalten, dadurch, dass man die Kohlen möglichst ökonomisch ausnutze, und es wird vielfach versucht, uns oder wenigstens dem Laienpublicum glauben zu machen, dass beim Wassergas eine bessere Ausbeutung der Kohle erzielbar sei. Ich will von diesem Gesichtspunkte aus die Wärmeausbeute bei den jetzt in Concurrenz stehenden centralen Kraft- und Wärmeversorgungen betrachten.

Meine Herren! Nehmen wir zunächst das Elektricitätswerk. Von dem Waggon Kohlen, der da hineingefahren wird, bezw. von seinem Heizwerth, kommt, wenn das Werk mit Dampfmaschinen betrieben wird, nur ein ausserordentlich geringer Procentsatz in der Form elektrischer Energie wieder heraus. Die Dampfmaschine gibt bekanntlich nur 10 bis 12% von der Wärme, die in der Kohle aufgespeichert ist, in der Form von mechanischer Kraft wieder heraus. Die Dynamomaschine hat einen Nutzwerth von allenfalls 95%, im Accumulator und Transformator gehen auch meist 20% verloren; es muss also als ein gutes Ergebniss betrachtet werden, wenn ein Elektricitätswerk von der ihm zugeführten Energie der Kohle 9 bis 10% in der Form von elektrischem Strom nutzbar wiedergibt.

Wie steht es nun bei unseren Steinkohlengaswerken? Von der Kohle, die dort vergast wird, kommen zunächst 20 bis 21% in der Form von Gas wieder heraus; ferner kommen 40—45 und mehr Procent in der Form von verkäuflicher Coke wieder heraus. Ausserdem steckt ein Theil des Heizwerthes der Kohle im Theer, und da wir dieses Nebenproduct nutzbringend verwerthen können, so geht dieser Theil der Energie ebenfalls nicht verloren; es sind dies 5 bis 6%. Ich möchte bemerken, dass jeweils die ersten Zahlen kleine Werke und die zweiten Zahlen grosse Werke angehen und möchte hinzufügen, dass es nicht etwa Versuchsresultate von einzelnen Tagen sind, sondern Durchschnittsresultate, die aus Betriebsresultaten von ganzen Jahren herausgerechnet wurden. Man kommt dann im Ganzen auf 65 bis 72% praktischer Wärmeausbeute im Steinkohlengasverfahren. Das ist so viel, dass man gar nicht viel mehr erwarten kann.

Wenn Sie nun aus dem Bericht des Herrn Hofraths Prof. Dr. Bunte er-schen, dass er über das Dellwik'sche Verfahren sich Versuche hat vorführen lassen, und dort angegeben finden, das Dellwik'sche Verfahren habe in seiner Gegenwart 70% des Wärmevorraths der Kohle in Gasform hergegeben und 30% Verlust gehabt so werden Sie mir zustimmen, wenn ich sage, dass das Wassergarverfahren vom natio-nalökonomischen Standpunkte aus keineswegs einen derartigen Vorsprung vor dem Kohlengasverfahren bedeutet, dass wir es deswegen allgemein einführen müssten.

Nach dieser Abschweifung gehe ich zu dem Letzten unserer Concurrenten über, zu dem Luftgas. Das ist eigentlich auch wieder ein alter Bekannter; denn schon vor 25 oder 20 Jahren spielte es eine Zeit lang eine ziemlich grosse Rolle. Als wir nur Schnittbrenner hatten und der Gaspreis noch etwas höher war als jetzt, haben thatsächlich verschiedene Luftgase, die Gase aus Benzol, Ligroin oder Hydririn u. s. w. uns in Einzelanlagen Concurrenz gemacht. Die Sache schlief aber wieder ein und erlebte erst durch die Einführung des Gasglühlichtes einen neuen Aufschwung. Wir müssen uns jetzt damit beschäftigen, nachdem es im vorigen Herbst einem neuen System, dem System van Vriesland, gelungen ist, in Holland eine kleine Central-gasanstalt in Breukelen bei Amsterdam zu Stande zu bringen, durch die die ganze Stadt mit Luftgas versorgt wird. Ich habe gehört, dass sich eine Gesellschaft für dieses System auch in Deutschland gebildet hat und sowohl Einzelanlagen, wie auch Centralen für kleine Städte zu bauen gedenkt.

Nun, meine Herren, dieses Gas liefert Licht und liefert auch Kraft und Wärme, alles gleichfalls in Gasform, und es liefert sie zu Bedingungen, die wohl als annehmbar betrachtet werden können. Die Prospecte der betreffenden Firmen machen, wie auch die Prospekte der Acetylenfirmen, zwar immer nur die bequeme Rechnung, auf, dass sie sagen: 1 kg Gasolin liefert 3 cbm Luftgas, das Kilogramm Gasolin kostet 30 Pfg., also kostet ein Cubikmeter Luftgas 10 Pfg. Für Amortisation, Repara-turen, Verzinsung des Anlagekapitals u. s. w. rechnen diese Broschüren und Prospecte in der Regel nichts. Wenn man so rechnet, möchte es scheinen, als ob das Luftgas billiger wäre, als das Steinkohlengas. Aber wenn man die Vertheilungskosten hinzu-rechnet, findet man immer, dass es theurer ist, aber doch nicht in dem Maasse, wie das Acetylengas.

Der Heizwerth des Luftgases ist ungefähr eben so gross wie der Heizwerth des Steinkohlengases; es könnte also dieses Gas auch in kleinen Städten geliefert werden, in ähnlicher Weise und zu nicht wesentlich höheren Preisen wie das Stein-kohlengas. Wir brauchen uns aber davor nicht zu fürchten, weder vor den Einzel-gasolinanlagen, die ja mit Gasglühlicht wunderschön functioniren, noch auch vor Centralen. Vor den Einzelanlagen deswegen nicht, weil sich gezeigt hat, dass sie vielfach Vorläufer des Steinkohlengases sind. Ich habe in der Dessauer Gegend und anderswo verschiedene Einzelanlagen mit Luftgas gesehen und genauer beobachtet, und habe gefunden, dass sie im Allgemeinen ganz gut und anstandslos functioniren und gegenwärtig auch ein Gas liefern, welches concurriren kann gegen Petroleum und ganz besonders vortrefflich concurriren kann gegen Acetylen. Es hat sich dann aber doch gezeigt, dass, sobald das Rohrnetz — es waren in der Regel Etablissements an der Grenze des Weichbildes der Stadt, wohin das Rohrnetz der Gasanstalt noch nicht reichte — verlängert wurde, der Besitzer der Einzelanlage sofort mit Freuden auf das Anerbieten einging, sich an das Gasrohrnetz anzuschliessen und den Gasolin-apparat zu verkaufen, um sich die Bedienung des Apparats zu ersparen und das doch noch billigere Kohlengas zu verwenden. Es war also das Luftgas in diesem Falle ein willkommener Vorläufer für das Steinkohlengas, weil die Installation ohne Weiteres für das Steinkohlengas passte.

Aus diesem Grunde und weil das Luftgas nicht bloss Licht, sondern auch Wärme und Kraft liefert, möchte ich glauben, dass es für ganz kleine Städte und Dörfer, die auf eigene Regie sich nicht getrauen, eine Steinkohlengasanstalt zu bauen, und einen Privatunternehmer nicht finden können, zweckmässig sein kann, Luftgas für centrale Versorgung einzuführen, schon deshalb, weil man später, wenn die Stadt so weit herangewachsen ist, sofort und ohne Weiteres zum Steinkohlengas übergehen kann, weil das Rohrnetz und die Brenner dafür passen, während dies z. B. bei Acetylenanlagen nicht der Fall ist.

Es bleibt allerdings vorläufig auch hier ein Bedenken gegen diese Luftgascentralen bestehen, nämlich die Abhängigkeit von der Fabrikation, und zwar von der Fabrikation des Auslandes. Denn das Gasolin und Ligroin und Hydririn oder wie die Producte alle heissen, sind Nebenproducte der Petroleumgewinnung und kommen der Hauptsache nach aus Amerika. Sie machen uns also gewissermaassen vom Auslande abhängig. Es ist aber neuerdings die Idee aufgetaucht und, wie ich gehört habe, auch schon angeblich mit Erfolg durchprobirt worden, unser deutsches Product Benzol für die Herstellung von Luftgas zu verwenden; dann würde dieses Bedenken ja vollständig wegfallen. Auch wenn die Behauptung für Luftgas allein nicht zuträfe, sondern nur für ein Gemisch von Kohlengas mit Luftgas, könnte doch der Gedanke in der Seele eines Steinkohlengasfachmannes auftauchen: »Ist es nöthig, wenn eine Gasanstalt nicht mehr reicht und schnell für eine Erweiterung gesorgt werden muss, dann eine completirende Wassergasanlage zu bauen, oder könnte es nicht noch einfacher so gehen, dass man einen Luftgasapparat anschafft und dasjenige, was die Retortenöfen nicht liefern, durch Zusatz von Luftgas wenigstens ein paar Winter lang beschafft? Wenn wir doch einmal das Steinkohlengas verdünnen wollen, müssen wir dann unbedingt Wassergas anwenden? Können wir nicht dasselbe mit Luft machen, und das Gemenge von Gas und Luft durch Benzol im Luftgasapparat aufbessern?« Die ganzen Vortheile, die für das Wassergasverfahren in Anspruch genommen werden, treffen in höherem Maasse für den Luftgaszusatz zu. Es ist eine derartige Anlage in Bezug auf Raumbedarf und Kapitalaufwendung vortheilhafter als die Erweiterung der Retortenöfen. Das Verfahren ist ausserordentlich einfach, viel einfacher als die Wassergasherstellung, es erfordert weniger Arbeiter und geht beinahe automatisch, also ausserordentlich einfach und bequem vor sich. Es ist dies, wie gesagt, nur ein Gedanke, nur eine Anregung; aber ich glaube, dass diese Anregung so viel Beachtung verdient, wie die Wassergasfrage. (Bravo!)

Meine Herren, ich bin am Schlusse angelangt und habe Ihnen nur noch herzlich zu danken für die liebenswürdige Aufmerksamkeit, mit der Sie mir gefolgt sind, und möchte dem Wunsche Ausdruck geben, dass es meinen heutigen Ausführungen gelungen sei, in bescheidenem Maasse dazu beizutragen, dass das nächste Jahr den Record dieses Jahres in Bezug auf die Ausbreitung der Gasversorgung im Deutschen Reich um viele Runden schlage! (Lebhafter Beifall.)

Vorsitzender: Meine Herren! Ihr Beifall erledigt eigentlich das, was ich sagen wollte; aber trotzdem erlaube ich mir, Herrn Ingenieur Schäfer den herzlichsten Dank für den höchst lehrreichen Vortrag, den er uns gehalten hat, auszusprechen. Ich eröffne nun die Discussion und bitte die Herren, sich zum Wort melden zu wollen.

Verwaltungsdirector Streichert-Berlin: Ich nehme an, dass der werth-
volle Vortrag des Herrn Schäfer in Druck gegeben und der Oeffentlichkeit zugänglich
gemacht werden wird, und möchte daher auf etwas aufmerksam machen, was mir
aufgefallen ist, nämlich auf einen kleinen statistischen Fehler bezüglich der Ver-
gleichung zwischen Manchester und Berlin. Herr Schäfer hat vergessen, dass wir in
Berlin nicht bloss die Berliner städtischen Gaswerke haben, sondern auch die Imperial
Continental-Gas-Association, und dass daher zu den 121 Millionen cbm noch mindestens 40 Millionen hinzutreten, so dass das Verhältniss doch ein etwas anderes
wird. Ich bitte Sie, dies bei der Veröffentlichung des Vortrages zu berücksichtigen,
damit kein Irrthum entsteht.

Dann möchte ich noch kurz Einiges in Bezug auf die Automatenfrage, die
von Herrn Schäfer gestreift ist, erwähnen. Ich kann mich der Meinung des Herrn
Schäfer, dass die Automaten alles das bringen werden, was wir davon hoffen, ja nur
anschliessen; ich halte die Einführung der Automaten durchaus für wünschenswerth
und für nothwendig. Aber die Automaten allein machen nicht alles; es muss dazu
noch etwas anderes kommen. Es gehört zum Automaten auch, dass den Consumenten
die ganze Einrichtung, die Kochapparate und Beleuchtungsgegenstände, miethweise
oder aber in dem Preis für das Automatengas inbegriffen geliefert werden. Das ist
für kleine Städte ja leicht möglich, wo jeder, auch der kleinste Mann, allgemein
bekannt ist; in grossen Städten und namentlich in Berlin ist das aber sehr schwierig;
es verlangt jedenfalls Millionen und abermals Millionen, um das durchzuführen, und
ich möchte die Befürchtung aussprechen, dass trotz aller Bemühungen, die von unserer
Seite dafür gemacht werden, die städtischen Verwaltungen und selbstverständlich die
Finanzminister der Städte sich sehr dagegen sträuben werden, noch so viele Millionen
in die Sache hineinzustecken. Meine Herren, die Automaten sind überhaupt nur für
den kleinen Consumenten von Wichtigkeit; jeder grössere Consument wird sich
hüten, wenn er nicht ganz besondere Zwecke verfolgt, den Automaten einzuführen
und den höheren Gaspreis zu bezahlen. Nur das kleine Publikum, welches jetzt
Petroleum brennt, wird mit dem Automaten beglückt werden können, und dann
allerdings auch zum Vortheil der städtischen Gaswerke und Verwaltungen. Aber es
gehört dazu immer, dass dem Betreffenden die ganze Einrichtung hinzugeliefert wird
und dass er nicht erst 30, 40 und noch mehr Mark aufwenden muss, um die erfor-
derlichen Einrichtungen und Apparate zu beschaffen. Was für Schwierigkeiten das
in einer grossen Stadt wie Berlin macht, wo die Leute absolut nicht bekannt sind,
zudem in meist sehr kurzen Zeiträumen schon ihre Wohnungen wechseln und ausserdem die ihnen hergeliehenen Gegenstände weder sorgsam zu behandeln noch in gut
erhaltenem Zustande wieder zurückzuliefern gewohnt sind, noch angehalten werden
können — man müsste immer dahinter sein, dass man sie im rechten Moment wieder
abholt —, das, meine Herren, liegt auf der Hand. Ich habe versucht, auf die Haus-
eigenthümer einzuwirken, dass sie die Verantwortung für die Apparate und Leitungen
übernehmen, so dass wenigstens ein Verantwortungsvoller für die Gasanstalt vor-
handen ist. Aber auch das hat sich als unmöglich erwiesen; denn die Herren, die
oft 40, 50, 60 und noch mehr Miether im Hause haben, wollen und können dafür
nicht einstehen. In kleinen Städten wird sich die Sache besser machen lassen, aber
in grossen Städten ist es, wie gesagt, ausserordentlich schwierig, wenn nicht unmöglich. Indessen es werden und müssen Wege gefunden werden, die Automaten mehr
und mehr einzuführen, und es wird jedenfalls auch das Bestreben der Verwaltungen
der grossen Städte sein, in dieser Richtung entsprechend zu wirken.

Gestatten Sie nun, meine Herren, dass ich noch ein paar Worte hinzufüge bezüglich der Ausführungen des Herrn Schäfer über das Wasser- und Luftgas. Die Ausführungen waren so werthvoll, dass ich mich freue, dass sie hier gemacht worden sind. Aber eines möchte ich Herrn Schäfer bitten, ergänzend zu ändern: ich möchte nicht ausgesprochen haben, dass das Wasser- und Luftgas das Kohlengas gefährde, — er hat dieses Wort gebraucht. Wassergas und Luftgas sind ebenso Gas wie Steinkohlengas, und ich glaube, die Gasindustrie darf sich nicht bloss auf das Steinkohlengas beschränken, sondern muss auch auf die Hilfsmittel, die unabweislich sind und mit oder ohne unser Zuthun doch kommen werden, Rücksicht nehmen. Es gibt Verhältnisse, wo wir gezwungen sein werden, auf diese Hilfsmittel zurückzugreifen, und ich möchte deshalb Herrn Schäfer bitten, die Wassergasfabrikation und eventuell auch die Luftgasfabrikation nicht in Gegensatz zur Steinkohlengasfabrikation zu stellen, sondern das Ganze als eine einzige Industrie zu betrachten, die gewissermaassen in drei Abtheilungen zerfällt, die sich einander da, wo die Verhältnisse es verlangen, ergänzen müssen.

Chemiker D r e h s c h m i d t - Berlin: Ich möchte nur ein paar kurze Worte zu dem letzten Theile der Ausführungen des Herrn Schäfer sagen. Herr Schäfer hat geschildert, wie man so bequem Luftgas aus Benzol herstellen könne. Im Sommer geht die Sache, im Winter aber geht sie nicht. Wenn wir 17—18° Wärme haben, dann kann man allerdings mit Benzol Luftgas herstellen; im Winter aber ist das ganz unmöglich, denn dann ist die Gasentwickelung zu gering. Sie würden also zu wenig Gas bekommen und der Gefahr von Explosionen ausgesetzt sein. Sie können nur im Sommer carburiren, aber nicht im Winter.

Berichterstatter Ingenieur Franz S c h ä f e r - Dessau: Ich glaube, der Herr Vorredner hat mich nicht ganz richtig verstanden, vielleicht habe ich mich auch etwas ungeschickt ausgedrückt. Ich habe nicht gemeint, dass man Luftgas herstellen soll aus Benzol und Luft und dieses Luftgas dann zusetzen soll, sondern ich habe gemeint, man solle unserem Steinkohlengas Luft zumischen, oder vielmehr — ich sage nicht, dass man es soll — man könne vielleicht, anstatt Wassergas dem Steinkohlengas zuzumischen, ihm einfach Luft zumischen und dann nachher ebenso, wie man jetzt das Gemisch von Steinkohlengas und Wassergas nach seiner Herstellung mit Benzoldämpfen aufcarburirt, dieses Gemisch aufcarburiren. Ich habe gehört, dass Versuche in dieser Beziehung im Gange sind, aber über die Ergebnisse derselben habe ich leider noch nichts erfahren können.